BEI GRIN MACHT SICH IHR WISSEN BEZAHLT

- Wir veröffentlichen Ihre Hausarbeit, Bachelor- und Masterarbeit

- Ihr eigenes eBook und Buch - weltweit in allen wichtigen Shops

- Verdienen Sie an jedem Verkauf

Jetzt bei www.GRIN.com hochladen und kostenlos publizieren

Michael Rehberg

Elemente einer wissensbasierten Clustertheorie am Beispiel der Optischen Technologien in Deutschland

GRIN Verlag

Bibliografische Information der Deutschen Nationalbibliothek:

Die Deutsche Bibliothek verzeichnet diese Publikation in der Deutschen National-
bibliografie; detaillierte bibliografische Daten sind im Internet über http://dnb.d-
nb.de/ abrufbar.

Impressum:

Copyright © 2008 GRIN Verlag GmbH
Druck und Bindung: Books on Demand GmbH, Norderstedt Germany
ISBN: 978-3-640-38306-1

Justus-Liebig-Universität Gießen

Fachbereich 07 - Mathematik und Informatik, Physik, Geographie

Oberseminar: Wirtschaftsgeographie von Deutschland

(WiSe 2008/09)

Elemente einer wissensbasierten Clustertheorie am Beispiel der Optischen Technologien in Deutschland

Hausarbeit

vorgelegt von:

Michael Rehberg

Doppelstudium: Politikwissenschaften (MA) / Geographie (Dipl.)

Semester: 10. FS / 8. FS

Abgabedatum 20.11.2008

Inhaltsverzeichnis

Abbildungs- und Kartenverzeichnis

1. Einleitung

Neben der Biotechnologie zählen die Optischen Technologien zu den Zukunftstechnologien des 21. Jahrhunderts. Auf diese forschungsstarke und wissensintensive Branche entfallen in Deutschland 110.000 Arbeitsplätze. Durch ihre Querschnittsorientierung besitzen Optische Technologien eine immense Ausstrahlungskraft auf andere Wirtschaftsbereiche. Indirekt beeinflussen sie 15% der Arbeitsplätze im verarbeitenden Gewerbe mit einem Umfang von einer Millionen Beschäftigten (Pantazis/ Schricke 2008: S.67). Auffällig für die Optischen Technologien sind die räumlichen Konzentrationen. Räumliche Nähe muss für wissensintensive Branchen vorteilhaft für die Wettbewerbsfähigkeit sein.

Diese Hausarbeit erklärt theoretisch die positive Wirkung von räumlicher Nähe auf wissensintensive Branchen am praktischen Beispiel der Optischen Technologien in Deutschland. Der Umfang einer Hausarbeit macht es nicht möglich, die wissensbasierte Clustertheorie in vollem Umfang zu formalisieren. Die Fragestellung fokussiert, inwiefern das Clustern von Unternehmen Wissensströme generiert, die positive Wirkungen auf Innovationsprozesse und regionale Wettbewerbsfähigkeit haben. Beispielhaft für den theoretischen Komplex steht die Optische Branche in Deutschland.

In Anlehnung an den raumwirtschaftlichen Ansatz von Schätzl (2003: S.14f.) differenziert die Arbeit Theorie, Empirie und Politik. Theoretisch einleitend grenzt die Cluster Definition die räumliche Ebene, in denen eingebettet neben wirtschaftlichen Prozessen, in Form von Wertschöpfungssystemen, Lern- und Innovationsprozesse ablaufen, ein. Die Theorie des innovativen Milieus verdeutlicht in drei Handlungsebenen die Kommunikations- und Lernprozesse, die in neuem Wissen münden. Empirisch werden anschließend die Optischen Technologien in Deutschland betrachtet. Aufgeteilt ist die Analyse in eine sektorale und eine räumliche Darstellung. Das abschließende Fazit fasst zusammen, kritisiert und empfiehlt.

Die grundlegende Literatur wurde von Schricke (2007), Bathelt (2002; et al. 2004), Koschatzky (2001), Pantazis (2006) Drieling (2004), Malmberg/ Maskell (2001) und BMBF (2007) verfasst.

2. Elemente einer wissensbasierten Clustertheorie

Das theoretische Kapitel setzt sich mit der wissensbasierten Clustertheorie auseinander. Die Theorie wird mit Elementen, speziell auf den Wissensbezug, dargestellt. Weitere wichtige Bausteine werden angesprochen, jedoch nicht ausgeführt. Literaturverweise geben dem geneigten Leser Hinweise für die vertiefende Lektüre. Die wissensbasierte Clustertheorie wird unteranderem von Malmberg/ Maskell (2001), Bathelt et al. (2004), Pantazis (2006) und Schricke (2007) breiter dargestellt.

Einführend in das theoretische Kapitel wird, im wirtschaftsgeographischen Sinn, Agglomerationen definiert. Damit konkretisiert ist der Begriff Cluster. Das lokalisierte Wertschöpfungssystem als Grundlage des Clusters und der ersten Ebene des innovativen Milieus wird anschließend erläutert. Mit dem theoretischen Konstrukt, dessen grundlegende Mechanismen vorhergehend eingeführt sind, werden die Kommunikations- und Interaktionsprozesse veranschaulicht. Nachfolgend werden diese Abläufe vertieft, um daraus folgernd Lern- und Innovationsabläufe zu erklären.

2.1 Cluster Definition

Die Untersuchung räumlicher Konzentrationen wirtschaftlicher Entwicklung ist kein neues Phänomen, wurde aber erst wieder durch die Arbeiten von Michael Porter "Competitive Advantages of Nations (1990)" und Paul Krugman "Geography and Trade (1991)" wissenschaftlich populär (Koschatzky 2001: S.196f.). Seit dem Erscheinungsjahr des Standardwerkes von Porter sind die Publikationen mit dem Gegenstand Cluster stark angestiegen (Thomi/ Sternberg 2008 S.75f.).

Interpretiert wird die Renaissance von flexiblen und spezialisierten räumlich konzentrierten Produktionsregimen als ein Produkt des Übergangs von der Massenproduktion zum Postfordismus. Globalisierungs- und Regionalisierungsprozesse bilden eine Einheit, die in regionaler Ausprägung an die ökonomischen Raumformationen des 19. Jahrhunderts erinnern (Glassmann/ Voelzkow 2006: S.225). Schon die Forschungsarbeiten von Alfred Marshall beschäftigten sich im 19. Jahrhundert mit Agglomerationsvorteilen, die in Lokalisations- und Urbanisationsvorteile zu unterteilen sind (Schricke 2007: S.12; Pantazis 2006: S.18). Für einen ausführlichen Diskurs der räumlichen Vorteilseffekte sei auf Bathelt (2002: S.128), Koschatzky (2001: S.101-106) und Schricke (2007: S.18-21) verwiesen.

Koschatzky (2001: S.197) definiert nach Porter das Cluster als *"die räumliche Konzentration von vernetzten kleinen und großen Betrieben sowie Institutionen in einem speziellen Sektor. Ein Cluster beinhaltet vor- und nachgelagerte Produktions- und Dienstleistungsaktivitäten*

sowie eine spezialisierte Infrastruktur, die diese Aktivitäten wirkungsvoll unterstützt".
Schricke (2007: S.11) übersetzt den Begriff Cluster mit Anhäufung oder Traube, womit die räumliche Ballung von wirtschaftlichen Aktivitäten in wirtschaftsgeographischen Untersuchungen beschrieben ist. Sie setzt damit drei Zusammenhänge in Verbindung: *"räumliche Agglomerationen ähnlicher oder verwandter wirtschaftlicher Aktivitäten, vertikale Wertschöpfungsketten, die alle Akteure, Ressourcen und Aktivitäten umfassen, die dazu beitragen, Güter und Dienstleistungen zu entwickeln, zu produzieren und zu vermarkten [sowie] auf hohem Aggregationsniveau zusammengefasste Sektoren"* (ebd.).

Die Identifikation eines Cluster gestaltet sich als diffus und schwierig. Sie ist über mehrere Ebenen selektiv. Identifiziert werden kann ein Cluster über räumlich-administrative Grenzen, Wirtschaftszweigklassifikationen oder auch technologische Verflechtungen (Koschatzky 2001: S.197; Malmberg/ Maskell 2001: S.15). Nicht nur die räumliche, sektorale oder technologische Eingrenzung des Untersuchungsobjektes stößt an empirische Grenzen, sondern auch die empirische Messung der clusterinternen Mechanismen und Vorgänge, die die Existenz des Clusters begründen, ist extrem problematisch (Malmberg/ Maskell 2001: S.14).

Es zeigt sich schnell, dass nicht die eindeutig korrekte Definition eines Clusters, sondern eine Vielzahl unterschiedlicher Definitionen und übergreifender Ansätze vorliegen. Dabei steht vordergründig die Definition von Porter als das Synonym für Cluster (Schricke 2007: S.12). Flankiert ist diese Definition von weiter intensiv diskutierten Modellen zur Beschreibung der Bedeutung von räumlicher Nähe: die Industriedistrikte, die innovativen Milieus und die geographische Industrialisierung (Kulke 2006: S.113; Malmberg/ Maskell 2001: S.7; Koschatzky 2001: S.207). Insbesondere mit der evolutionär-dynamischen Theorie der geographischen Industrialisierung (nach Storper und Walker) erklären Moßig und Klein (2002) das Clustern der Optischen Technologien im Raum Wetzlar.

Da nach der Porterschen Definition Cluster nicht per se innovativ sind (was für die Optischen Technologien von Bedeutung ist), ist die Hausarbeit auf die Theorie der innovativen Milieus fokussiert. Analog zu Schricke (2007: S.13f.) definiert die vorliegende Arbeit Cluster als den lokalisierten Teil von Wertschöpfungssystemen, die die Grundlage für ein innovatives Milieu bilden (Bathelt 2002: S.191).

2.2 Das Wertschöpfungssystem

Das Wertschöpfungssystem ist von drei Dimensionen gekennzeichnet: Die vertikal-lineare, die horizontale und die diagonale Ebene (Schricke 2007: S.15).

Die vertikale-lineare Dimension wird von der Wertschöpfungskette dargestellt. Die vertikalen

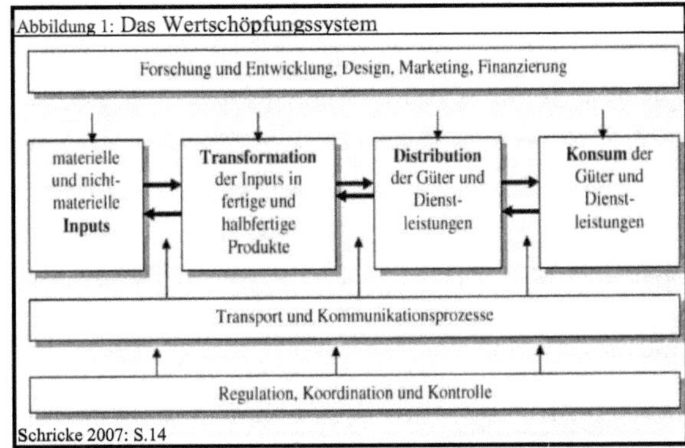

Verbindungen verlaufen in zweierlei Richtung. Es werden Zwischenprodukte aus Materialien zu Endprodukten verarbeitet, die spezifisch von Käufern beauftragt werden. Die spezifischen Aufträge der Käufer bestehen aus Informationen, die an die niederliegenden Produzenten weitergegeben werden (Schricke 2007: S.13). Neben dem Warenfluss findet diametral ein Informationsfluss (user-producer relationships) statt. Die Optischen Technologien lassen eine Ballung von Komponentenzulieferern, auftragsspezifischer Produkte und Abnehmern erwarten (Pantazis 2006: S.24; Schricke 2007: S.13).

Die horizontale Dimension ist dominiert von Unternehmen mit dem gleichen Geschäftsfeld (Technologie, Branche) auf der gleichen Produktionsstufe der Wertschöpfungskette (Schricke 2007: S.15).

Die diagonale Dimension wird von Schricke (2007: S.15) durch Unternehmenskooperationen mit insbesondere Dienstleistern, Forschungs- und Ausbildungseinrichtungen sowie anderen Unternehmen beschrieben. Als herausgehoben zu betrachten, sind die Kooperationen mit wissensintensiven Dienstleistungen. Hierunter fallen die Forschung und Entwicklung sowie Design (ebd.).

Erreichen die Akteure eine kritische Masse in räumlicher Nähe zueinander, dann definiert Schricke (2007: ebd.) dieses Wertschöpfungssystem als Clusterstruktur. Innerhalb dieses Systems agieren Akteure unterschiedlicher Dimension mit gleichen Akteuren unterschiedlicher Dimensionen.

Zwei Beziehungsformen sind in diesem System imminent: Kooperation und Wettbewerb (Schricke 2007: S.41; Malmberg/ Maskell 2001: S.11). Die kooperative Form ist schon durch den Waren- und Informationsaustausch der vertikalen Dimension einer Wertschöpfungskette impliziert. Neben der vertikalen Kooperation sind vor allem Kontakte mit Forschungs- und

Entwicklungsakteuren wichtig. Das Vorhandensein eines innovativen Milieus verbessert maßgeblich die Transferbedingungen (Malmberg/ Maskell 2001: S.11f.).

Das Konkurrenzverhalten wird in der horizontalen Dimension konstatiert. Gerade Unternehmen der gleichen Wertschöpfungsstufe neigen verstärkt zu Wettbewerb. Die Rivalität ist befördert durch Informationen über strategische Unternehmensentscheidungen und Konkurrenzprodukte, die in Agglomerationen leichter zu erlangen sind. Die Firmen beobachten und vergleichen einander. Sie können Ideen effizienter kopieren und in das eigene Produkt integrieren (Malmberg/ Maskell 2001: S.11f.; Pantazis 2006 S.10f.; Bathelt et al. 2004: S.36f.).

2.3 Theorie des Innovativen Milieus

Der Ansatz des innovativen Milieus entstand parallel zu den Diskussionen über die Industriedistrikte Italiens. Die französische Forschergruppe GREMI (Groupe de Recherche Européen sur les Milieux Innovateurs) nahm eine Vorreiterrolle bei der Entwicklung der Theorie innovativer Milieus ein. Im Mittelpunkt der Betrachtung stehen klein- und mittelständische Unternehmen, deren Tätigkeitsfeld im Gegensatz zu den Industriedistrikten vornehmlich im hochtechnologischen Bereich liegen (Schricke 2007: S.34; Koschatzky 2001: S.201; Bathelt 2002: S.191f.).

Ziel des Ansatzes ist es nicht High-Tech Unternehmen isoliert zu betrachten, da diese ein soziales Umfeld mit sozio-institutionellen Strukturen eingebettet sind. Innovationsfähigkeit ist nicht mehr die Fähigkeit eines einzeln isolierten Unternehmens. Innovationsfähigkeit wird als das Ergebnis aus ökonomischen und sozialen Interaktionsprozessen beurteilt, die eine Folge arbeitsteiliger Prozesse sind, und in denen eine Vielzahl an Akteuren zusammenarbeitet (Bathelt 2002: S.190).

Die Einbettung der Akteure in das innovative Milieu erfolgt über drei Ebenen (ebd.: S.191). Die erste Ebene besteht aus dem grundlegenden Ansatzpunkt: dem lokalisierten Produktionssystem. Aufgegriffen aus dem vorherigen Kapitel

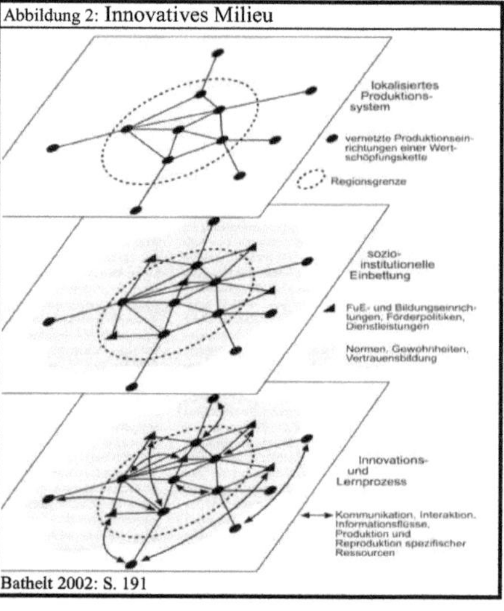

(Kap. 2.2 Das Wertschöpfungssystem) besteht das lokalisierte Wertschöpfungssystem aus einer Ballung von Industrieunternehmen, Zulieferern, Kunden und Dienstleistern. Verschiedenartige und vielfältige Verflechtungen (Güter, Arbeitsmarkt, Technologie und Informationen) formen die Akteure zu einem Beziehungsgeflecht, das durch räumliche Nähe Transaktionskostenvorteile erzielen kann. Kollektives Zugehörigkeitsgefühl zu demselben Wertschöpfungssystem fördert die Kooperationsbereitschaft (Bathelt 2002: S.191). Das innovative Milieu kann dabei einem Cluster entsprechen, wenn dieses Cluster von technologieaffinen Unternehmen und Innovationsneigung dominiert ist (Schricke 2007: S.35). Die zweite Ebene wird von sozio-institutioneller Einbettung bestimmt. Das lokale Wertschöpfungssystem entwickelt eine gemeinsam lokalisierte Wissensbasis über informelle und formelle Informations- und Kommunikationsflüsse. Der Wissensbasis liegen gemeinsame Routinen, Gewohnheiten, Verhaltensnormen, Technikkulturen, Vertrauensbeziehungen und Perzeptionen zugrunde, die allgemein anerkannt sind. Sie schaffen einen bekannten Rahmen für gemeinsame Handlungen. Formelle Institutionen (Ausbildungs- und Forschungseinrichtungen, private und öffentliche Förderprogramme) ermöglichen die Einbindung der Akteure in das Milieu (Bathelt 2002: S.191). Besonders die räumliche Präsenz von Forschungs- und Entwicklungseinrichtungen im innovativen Milieu mindert Unsicherheiten im Innovationsprozess. Davon profitieren außerordentlich klein- und mittelständische Unternehmen, für die Produktentwicklungen immer mit großen Risiken verbunden sind. (Schricke 2007: S.35; Diez 2001: S.43).

Eingebettet in einen wirtschaftlichen und sozialen Rahmen finden auf der dritten Ebene Innovations- und Lernprozesse statt. Hierfür ist es notwendig, dass Offenheit nach außen gewährleistet ist und regionsexternes Wissen in das Milieu diffundiert. Intraregionale Interaktionen und Lernprozesse verbreiten und verbreitern die Wissens- und Technologienbasis. Spezialisierte Ressourcen und Qualifikationen entstehen. Entscheidend hierfür ist die Fähigkeit der Akteure, spezifische Informationen und Ressourcen zu akquirieren und zu binden (Bathelt 2002: S.191f.).

Gerade die Spezialisierung des Produktionssystems determiniert den Erfolg. Es richtet seine Aktivitäten, Ressourcen und Interaktionen fokussiert auf die Spezialisierung, die ein besonderer Technologiebereich oder eine Wertschöpfungskette sein kann. Hieraus entsteht eine lokal einzigartige Wissensbasis, die nicht ohne weiteres in andere Regionen übertragen werden kann. Diese Wissensbasis bietet ein Fundament für weitere Spezialisierung und den Ausbau der Kernkompetenzen. Eine gesteigerte regionale Wettbewerbsfähigkeit setzt enge Kommunikations- und Interaktionsprozesse voraus. Wissensübertrag wird auf dem

Hintergrund allgemein akzeptierter Normen und Werte vereinfacht kanalisiert. Innovation und neues Wissen in expliziter und impliziter Form sind das Ergebnis vernetzten Handels von regionalen Akteuren (Bathelt 2002: S.191f.).

Das Milieu als Nährboden ernährt somit technologieaffine Unternehmen, die an einem gebietsgebundenen Komplex partizipieren. Der Komplex integriert die Akteure neben einem eingebetteten Wertschöpfungssystem in ein lokales Flusssystem aus Wissen, Informationen, Normen, Werten und Institutionen, das nach außen zu Märkten und Technologien offen ist (Bathelt 2002: S.191f.; Schricke 2007: S.34-36; Koschatzky 2001: S.201-206).

Die folgenden zwei Kapitel sollen die zweite und dritte Ebene des innovativen Milieus vertiefend thematisieren. Genauer betrachtet werden intra- und interregionale Wissensflüsse mit den resultierenden Lern- und Innovationsprozessen.

2.3.1 Intra- und interregionale Wissensflüsse

Das lokale Kommunikations- und Interaktionsrauschen (local buzz) der dritten Ebene birgt die Gefahr, dass sich Wissen regional reproduziert, dementsprechend das Milieu stagniert (lock-in) (Bathelt et al. 2004: S.41; Koschatzky 2001: S.204). Die Akteure müssen in der Lage sein, externes Wissen in interne Innovationsprozesse einzubauen. Empirische Arbeiten zeigen, dass die Innovativität mit Außenorientierung und weitreichenden Kontakten steigt. Die Verflechtung von interregionalen mit intraregionalen Beziehungen erhöht die Innovationseffizienz (Schricke 2007: S.41).

Das Externe Wissen kann über Kanäle (global pipelines) angesogen werden (Koschatzky 2001: S.204). Diese bewusst aufgebauten Kommunikationskanäle funktionieren durch das Vertrauen der beteiligten Akteure (Bathelt et al. 2004:

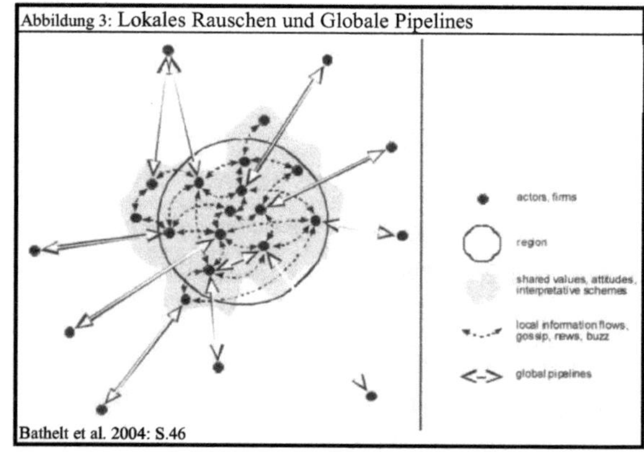

S.40f.). Der Verbindungsaufbau ist komplex und aufwendig, wenn der Anspruch besteht, sensibles Wissen über größere Distanzen abzurufen (Schricke 2007: S.42). Interregionaler bzw. internationaler Wissensübertrag ist für innovative Branchen wichtig, weil das führende technologische Wissen einer ständigen Wandlung unterzogen ist. Der Abruf über Kommunikationskanäle versetzt Unternehmen in die Lage, gezielt Wissen zu wählen, das sich als beständig im Wettbewerb erweist (Bathelt et al. 2004: S.42). Über die Mechanismen des local buzz, also der internen informellen und formellen Kommunikation, streut das interregionale Wissen intraregional. Das lokale Rauschen wird durch face-to-face-Kontakte kreiert und besteht aus spezifischen Informationen, Gerüchten, Eindrücken oder Wissen mit kontinuierlichen Updates (Schricke 2007: S.42; Bathelt et al. 2004: S.38). Die Akteure profitieren von der Diffusion des Wissens alleine von ihrer räumlichen Nähe, ohne dies als gezielte Absicht zu interpretieren (Bathelt et al. 2004: S.38). Die Wissensinterpretation fußt auf dem Umstand der lokalen Nähe. Die Unternehmen teilen gemeinsame Sprache, Technologie oder Werte, die sich zu einem räumlich lokalisierten kollektiven Interpretationsschema formen (ebd.: S.38f.).

Die ausreichend große Anzahl an globalen Pipelines begründet ein dynamisches lokales Rauschen. Mehr Informationen über Märkte und Technologien werden in die Agglomeration gepumpt, die das milieuinterne Geflecht stärken. Die richtige Mischung aus der Offenheit für Beziehungen nach außen, verbunden mit nach innen gelenktem Kommunikationsrauschen und die Anbindung an externe Abnehmermärkte, ist die Erklärung für ein erfolgreich lokalisiertes Produktionssystem (Bathelt et al. 2004: S.41f., S.21; Schricke 2007: S.42; Dicken 2007: S.101f.).

2.3.2 Lern- und Innovationsprozesse

Das flexible und spezialisierte postfordistische Produktionsregime erfordert, ständig mit neuen Produkten am Markt zu konkurrieren. Um sich dem Wettbewerb zu stellen, sind Innovationen nicht nur am Produkt, sondern auch im Produktionsprozess und der Organisation von Bedeutung. Infolgedessen gewinnen Wissen, Lernprozesse und Innovationen an Relevanz (Schricke 2007: S. 21). Innerhalb des innovativen Milieus ist eine Wissensbasis vorhanden, die global verbreitert und lokal verbreitet wird. Unterschieden wird das Wissen in zwei Formen: explizites und implizites Wissen. Explizites Wissen liegt zugänglich in kodifizierter Form, demnach Daten oder Texten vor. Implizites Wissen besteht aus Erfahrungen, personengebundenen Lernprozessen und wurde nicht kodifiziert. Es wird deshalb auch mit tacit knowledge beschrieben. Der Austausch von implizitem Wissen ist personengebunden (Schricke 2007: S.22; Koschatzky 2001: S.49f.; Bathelt 2002: S.57; Dicken 2007: S.99). Die Vereinfachung, dass implizites Wissen lokal und explizites Wissen global sei, ist nur eingeschränkt gültig. Dem kodifizierten expliziten Wissen hinterliegt immer noch eine Form von implizitem Wissen, das zum Dekodieren und Assimilieren nötig ist. Dies können beispielsweise interkulturelle Kompetenzen oder die Kenntnis von lokalen Identitäten sein (Bathelt 2002: S.57; Malmberg/ Maskell 2001: S.13; Bathelt et al 2004: S.32f.)

Die Rekombination von implizitem Wissen mit explizitem Wissen erzeugt neues kodifiziertes Wissen (Schricke 2007: S.21f.). Für den in Abbildung vier visualisierten Lernprozess ist die Interaktion entscheidend. Dabei interagiert

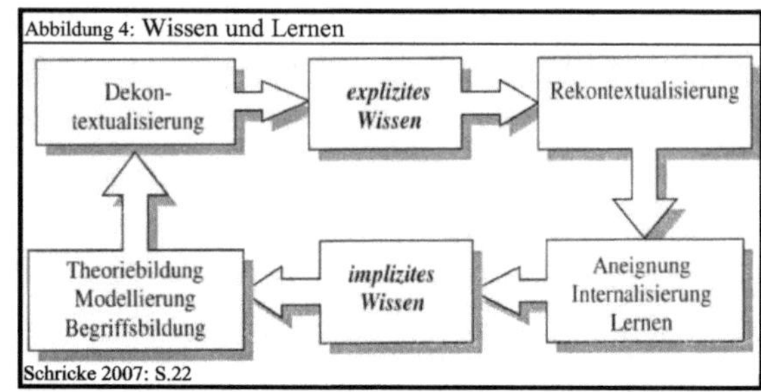

der Mensch nicht nur mit dem Benutzen von Objekten (learning-by-using) oder Tätigkeiten (learning-by-doing), sondern er tauscht durch soziale Handlungen (formelle und informelle Kommunikation) Wissen mit anderen Menschen aus (learning-by-interacting). Diese Kommunikation und Interaktion der Akteure der ersten und zweiten Ebene findet in der dritten Ebene des innovativen Milieus statt (Schricke 2007: S.23; Koschatzky 2001: S.51-53). Learning-by-interacting entsteht beispielsweise aus der Zusammenarbeit (Kooperation) von Produzenten und Nutzern in vertikaler Dimension des Wertschöpfungssystems (Pantazis 2006: S.21).

Der Erwerb von Wissen ist in unterschiedlichen Formen kanalisiert. Lizenzen, Patente oder Publikationen sind die käuflich erwerbare Variante von explizitem Wissen über Märkte. Auftragsforschung unter anderem von universitären Einrichtungen ist ein weiterer Weg des Wissenserwerbs. Die Akquirierung von personengebundenem Wissen, folglich Wissen in implizierter Form, kann über das Anwerben qualifizierter Arbeitskräfte mit spezialisierten Qualifikationen erfolgen (learning-by-hiring). Vor diesem Hintergrund ist auch die Mobilität von Absolventen interessant, die in Forschungseinrichtungen ausgebildet wurden und ihr teils implizites Wissen an die Unternehmen weitergeben. Dabei ist eine besondere Form der Arbeitskräftemobilität das Gründen von Spin-off-Unternehmen (Schricke 2007: S.23; Pantazis 2006: S.25f.; Sternberg 2000: S.203). Sternberg (2000) führt die Relevanz von Spin-off-Gründungen für die Agglomerationsbildung ausdrücklich für High-Tech-Unternehmen in seinem Aufsatz über Gründungsforschung an.

Grundsätzlich sind Marktmechanismen für den Austausch des impliziten Wissens ungenügend vorhanden. Dieser Austausch erfolgt vielmals auf informellem Weg. Folglich nimmt die räumliche Nähe beim Austausch des personengebunden impliziten Wissens eine bedeutende Stellung ein. Die Bedeutung des räumlichen Faktors nimmt dann enorm zu, wenn die Austauschbeziehungen sich im Rahmen von Entwicklungs- und Innovationsprozessen abspielen (Schricke 2007: S.24).

Gerade das riskante Maß an Unsicherheiten im Entwicklungsprozess nimmt durch einen direkten Austausch der beteiligten Akteure (face-to-face-Kontakte) ab. Infolgedessen ist die räumliche aber auch kulturelle Nähe (ebd.: S.29) dem Innovationsprozess besonders dienlich, wenn Innovationsvorhaben mit einem besonders hohen Risikograd verbunden sind (Koschatzky 2001: S.59-61).

Der Wissensübertrag zwischen den unterschiedlichen Akteuren und ihren Mutterorganisationen generiert einen Wissensspillover. Der Wissensspillover sowohl von implizitem als auch explizitem Wissen ist der Ausdruck eines externen Effektes (Pantazis 2006: S.22). Mankiw (2004: S.13) formuliert Externalitäten als *"Auswirkung der Handlung einer Person auf die Wohlfahrt eines Nachbarn"*. Zum tieferen Verständnis sei auf Kapitel 10 (ebd.: S.221-243) seines Lehrbuches zur Volkswirtschaftslehre verwiesen.

Je nach Pfadabhängigkeit der vorhanden Wissensbasis und der Lernprozesse können regionale Wissensspillover voneinander differieren (Schricke 2007: S.23). Es ist festzustellen, *"dass innovative Aktivitäten ungleich verteilt sind und diese Unterschiede von der regionalen Ebene beeinflusst werden"* (Pantazis 2006: S.20). Bathelt et al. (2004: S.37) drückt diesen Umstand metaphorisch aus. *"As being something that is 'in the air', limited to the people within a particular region or place [...] and an atmosphere cannot be moved"* (ebd.).

Bei Wissensspillover scheint die räumliche Nähe zu Hochschulen (Forschungs- und Ausbildungseinrichtungen), neben einem lokalen Milieu in dem informelle Kontakte entstehen, von großer Bedeutung zu sein. Gerade die Auswertung von Patentstatistiken zeigt, dass Wissensspillover lokalisiert ist (Pantazis 2006: S.22; Schricke 2007: S.25).

3. Optische Technologien in Deutschland

Die Strukturen der Optischen Technologien in Deutschland werden im Folgenden diskutiert. Der Analyserahmen bewegt sich über zwei Ebenen. Es wird differenziert zwischen Unternehmen und Ausbildung innerhalb der Unterkapitel. Die einzelnen Unterkapitel sind beginnend mit der Sektorenbetrachtung und abschließend nach der räumlichen Verteilungsbetrachtung strukturiert. Speziell die räumliche Verteilung der Optischen Industrie, indem das Beziehungsgeflecht und die räumliche Patentverteilung betrachtet wird, thematisiert den Zusammenhang von Theorie und Empirie.

3.1 Definition des Branchenfeldes Optische Technologien

Der Lenkungskreis Optische Technologien für das 21. Jahrhundert (2002: S.IX) definiert Optische Technologien als *"[...] die Gesamtheit physikalischer, chemischer und biologischer Naturgesetze und Technologien zur Erzeugung, Verstärkung, Formung, Übertragung, Messung und Nutzbarmachung von Licht"*. Die Definition lässt die Heterogenität der Branche erahnen. Eine differenzierte Brancheneingrenzung ist somit schwierig. Die vielen unterschiedlichen Anwendungsgebiete reichen von klassischen Linsen bis zu Lasern oder Messgeräten in der Konsumgüter- oder Produktionsindustrie. Herausgehoben ist die seit den 1960er Jahren entwickelte Lasertechnologie. In diesem Bereich sind deutsche Hersteller führend (Pantazis 2006: S.79f.; Schricke 2007: S.69f.)

Der synonyme Begriff Photonik synthetisiert die klassische Optik, Materialwissenschaften, Elektrotechnik, Physik und Chemie zu Optischen Technologien. Das Technologienfeld formiert sich demzufolge zu einer Schlüssel- und Querschnittstechnologie, die den Spitzentechnologien zugerechnet wird (Schricke 2007: S.69). Als Grundlegende Komponente dient beispielsweise ein Laser im handelsüblichen CD-Player für ca. 1-2 US-$. Lichttechnologie ist für verschiedenste Erzeugnisse die Basistechnologie, dementsprechend sind die Optischen Technologien enabling technologies (Pantazis 2006: S.80; Sydow/ Lerch 2007: S.9).

Wie eingangs erwähnt, ist die Optische Technologie heterogen. Dies macht es schwierig, Unternehmen empirisch eindeutig zu identifizieren. Die Identifikation von Unternehmen mit Charakteristika einer Schlüssel- und Querschnittstechnologie über die Wirtschaftszweigsystematik sind erheblich erschwert. Die gestaffelte Systematik des Verarbeitenden Gewerbes schließt nicht alle Unternehmen ein, die Umgang mit Optischen Technologien haben. Neben dem Verarbeitenden Gewerbe sind wissensintensive Dienstleistungen (Ingenieurs- sowie technische und physikalische Prüfdienstleistungen) ungenügend erfasst (Schricke 2007: S.70; Malmberg/ Maskell 2001: S.15). Dementsprechend liegt für die Optische Industrie eine differenzierte Wertschöpfungskette vor, die, regional geclustert durch hohe Komplexität, eine frühzeitige und starke Vernetzung im Lern- und Innovationsprozess erfordert (Pantazis 2006: S.82).

3.2 Sektorale Strukturen der Optischen Technologien in Deutschland

3.2.1 Unternehmensstruktur

Beginnend mit Vorprodukten werden diese im Wertschöpfungsprozess der Optischen Technologien zu singulären Komponenten weiterverarbeitet.

Komplexe Geräte und Bauteile bestehen aus singulären Komponenten, die entweder eigenständig die Wertschöpfungskette verlassen oder zum Teil in Maschinen integriert

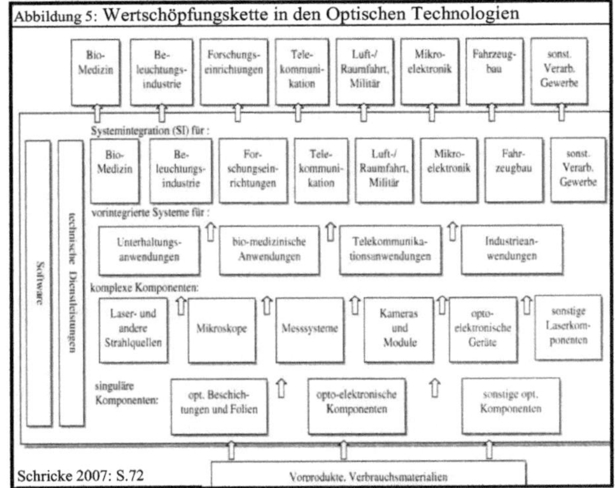

werden. Laseranlagen für die industrielle Produktion mit integrierten Baugruppen von Lasern, Mikroskopen und Messsystemen kommen in verschiedenen Anwendungsbereichen (von der Medizintechnik bis zur Mikroelektronik) zum Einsatz. Ein Unternehmen kann Teilbereiche der Wertschöpfungskette abdecken oder diese unternehmensintern abbilden (Schricke 2007: S.71).

Dominiert wird die Betriebsstruktur von klein- und mittelständischen Unternehmen, von denen über 80% unter 100 Mitarbeiter beschäftigen. 55,4% des Gesamtumsatzes werden lediglich von den 100 umsatzstärksten Unternehmen erwirtschaftet (Moßig/ Klein 2002: S.240; Sydow/ Lerch 2007: S.11). Der Gesamtumsatz hatte dabei 2005 ein Volumen von 16,3 Mrd. Euro (BMBF 2007: S.11). Führend dabei sind Bildverarbeitung und Messtechnik (20%), Medizintechnik und Life Science (18%) Optische Komponenten und Systeme (15%), Beleuchtungstechnik (14%), Produktionstechnik (11%) sowie Energietechnik (10%) (ebd.: S.10).

Das BMBF (2007: S.14) identifiziert 101.500 Beschäftigte, die im Bereich der Optischen Technologie beschäftigt sind. Pantazis (2006: S.81) beziffert die Anzahl der Beschäftigten im Bereich Photonik und Präzisionstechnik auf 150.000 Beschäftigte. Empirisch begründbar sind

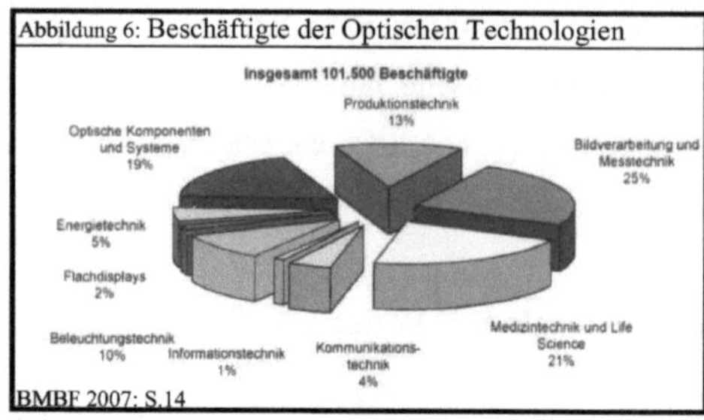

Abbildung 6: Beschäftigte der Optischen Technologien

die teils doch erheblichen Abweichungen nicht nur bei den Beschäftigten, sondern bei allen Branchenindikatoren der Optischen Technologien mit unterschiedlichen Abgrenzungen und Definitionen, die auf die Ausrichtung als Querschnittsbranche zurückzuführen sind (Pantazis 2006: S.81; Sydow/ Lerch 2007: S.10). Empirisch signifikant ist dennoch die hohe Akademikerquote. Die Quote der Beschäftigten mit Hoch- oder Fachhochschulabschluss liegt bei 21%. Spitzenreiter sind die Messtechnik und Bildverarbeitung mit 30% sowie noch höher die Produktionstechnik mit 35%. Die Branche allgemein leidet unter der Knappheit von Ingenieuren und Physikern (BMBF 2007: S.14f.).

Verglichen mit anderen Branchen seit dem Zweiten Weltkrieg konnten insgesamt höhere Umsatzzuwachsraten als das Bruttoinlandsprodukt für die Optischen Technologien erzielt werden, die auch auf die ausgesprochen hohe Exportorientierung zurückzuführen sind (Moßig/ Klein 2002: S.240; Sydow/ Lerch 2007: S.11).

3.2.2 Welthandelsanteil

40% des geschätzten Weltmarktvolumens für Optische Technologien in Höhe von 150 Mrd. Euro entfallen auf die Informations- und Kommunikationsbranche. Hervortretend im Handel mit

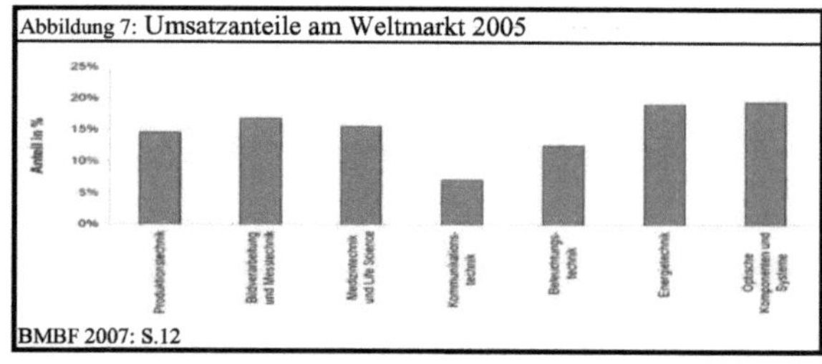

Abbildung 7: Umsatzanteile am Weltmarkt 2005

modernen optischen Komponenten ist Deutschland (Schricke 2007: S.73). Führend sind deutsche Unternehmen im Bereich der Lasertechnologie, die ca. ein 25% des Marktvolumens der Optischen Technologien innehaben. Unternehmen mit Spezialisierung auf Laserquellen für die Materialbearbeitung sind Weltmarkt- und Technologieführer (ebd.: S.75).

In den Sparten Produktionstechnik, Bildverarbeitung und Messtechnik, Medizintechnik und Life Science, Kommunikationstechnik, Beleuchtungstechnik, Energietechnik, Optische

Komponenten und Systeme differieren die Weltmarktanteile von 15% - 20%. Energietechnik und die zuvor angesprochenen Komponenten haben beide Weltmarktanteile um die 20% (BMBF 2007: S.11f.). Die Exportquoten liegen bei 65%, die in einigen Bereichen der Optischen Technologien mit 80% deutlich überschritten werden. Für das Verarbeitende Gewerbe liegt die Exportquote insgesamt bei 41% (ebd.: S.8).

Neben Europa sind außerdem die USA und Japan führende Produzenten der Optischen Technologien. Die Staaten Japan, Korea und Taiwan addiert, haben einen Weltproduktionsanteil von 49%. Vorzugsweise sind sie im wachsenden Markt der LCD-Displays engagiert. Deutschland besetzt mit 8% und seiner Spezialisierung einen wesentlichen geringeren Anteil an der Weltproduktion. Auf die sonstigen Regionen entfallen 32%, wovon sich 10% auf die übrigen Länder in Asien konzentrieren. Der nordamerikanische Anteil dürfte zwischen 11% und 14% liegen (BMBF 2007: S.17; Schricke 2007: S.73; Sydow/ Lerch 2007: S.13).

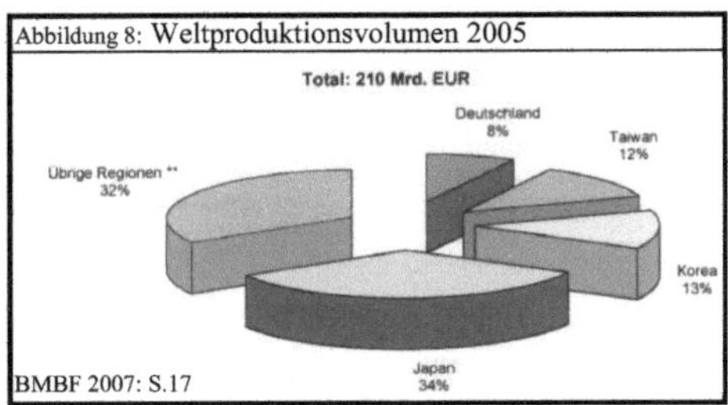

3.2.3 Ausbildung an Hochschulen

21% der Mitarbeiter in Unternehmen der Photonik verfügen über einen Hochschulabschluss. Das hochqualifizierte Personal arbeitet dabei nicht nur in den Forschungs- und Entwicklungsabteilungen, sondern auch in der Produktion. Der Vergleichswert des produzierenden Gewerbes liegt bei 8%. Neben den hohen Akademikerquoten investiert die Branche 9,7% ihres Umsatzes in die Forschung- und Entwicklung. Dieser Wert ist annähernd doppelt so hoch wie für das verarbeitende Gewerbe insgesamt (BMBF 2007: S.8).

Die Ausbildung erfolgt an Fachhochschulen und Universitäten gleichermaßen. Übergreifend äußert sich wiederum die Querschnittsorientierung. Für die Lehrinhalte

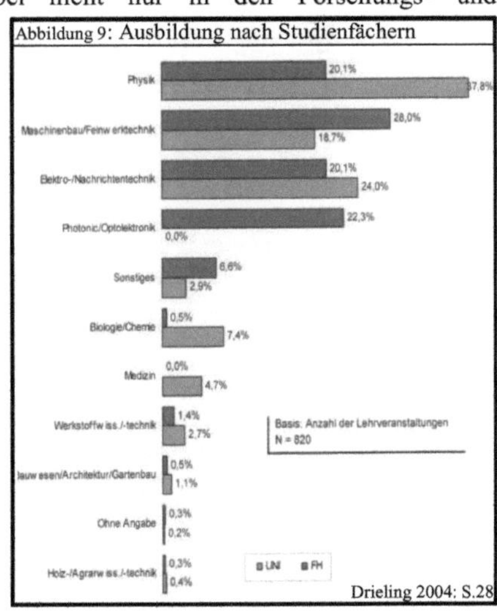

ist festzustellen, dass die potenziellen Anwendungsfelder in den Bereichen Lasertechnik und Messtechnik liegen. Bei Universitäten steht die Lasertechnik an erster Stelle. Hingegen sind die Fachhochschulen auf die Messtechnik spezialisiert (Drieling 2004: S.31).

Auch die Studienfächer zeigen den Querschnittsorientierungstrend mit natur- und ingenieurwissenschaftlichen Studienfächern an. Der universitäre Schwerpunkt der Lehre liegt bei dem Studienfach Physik. Das Studienfeld Maschinenbau / Fernwerktechnik bildet an Fachhochschulen das Kernfach für anwendungsbezogene Photonik. Fachhochschulen weisen im Gegensatz zu Universitäten keine Lehrveranstaltungen im Bereich Medizin auf. Die klassischen naturwissenschaftlichen Fächer besitzen an Universitäten die größte Relevanz. Eine Spezialisierung im Bereich Photonik findet als eigenständiger Studiengang an Universitäten nicht statt. Spezialisierungen können im Rahmen von Studienschwerpunkten gebildet werden. Die Fachhochschulen richten anwendungsorientierte Studiengänge ein und folgen damit neuen innovativen Anwendungsmöglichkeiten (ebd.: S.28f.).

3.3. Räumliche Strukturen der Optischen Technologien in Deutschland

3.3.1 Räumliche Unternehmensverteilung

Weltweit existieren zahlreiche Agglomerationen der Optischen Technologie. Auf regionaler Ebene haben sich die Unternehmen zu institutionalisierten Netzwerken zusammengeschlossen. Um der Gefahr des lock-in zu begegnen, unterhalten die Netze weltweit Kontakte miteinander. Sie tauschen Wissen über Innovationen, Produkte und Märkte aus. Beispielhaft für eine solche internationale Kooperation ist das sogenannte Tri-Cluster (Berlin-Tucson-Ottawa Allianz) (Sydow/ Lerch 2007: S.13).

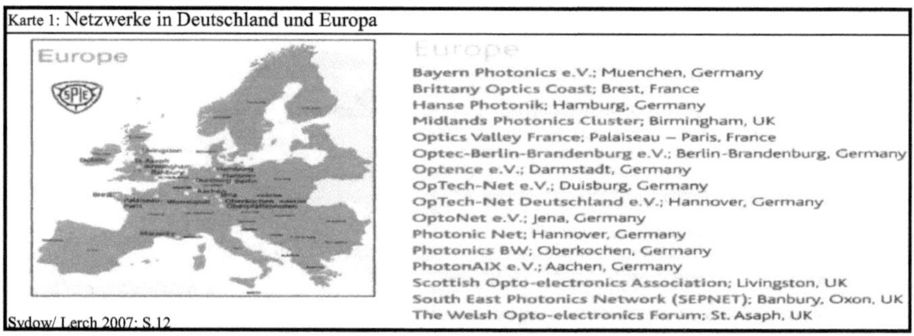

Speziell Deutschland versucht die Agglomerationen der Optik formell in Netzwerkinstitutionen mit dem Förderprogramm "Kompetenznetzwerke Optische Technologien" einzubinden. Die Förderung besteht für die sieben regionalen Netzwerkorganisationen seit 2001. Um ein Netz der Netzwerke zu etablieren, wurde Ende

2001 OptecNet Deutschland e.V. gegründet. Aufgaben von OptecNet ist die interregionale Verknüpfung der Netze nach innen und international nach außen (Schricke 2007: S.84). Derzeit repräsentiert OptecNet 450 Mitglieder (OptecNet 2008), die nur einen Teil der Branche darstellen. Die kartographische Darstellung stellt neben den deutschen Netzen weitere Organisationen in Europa dar. Neben dem Kristallationspunkt Deutschland mit zehn Netzwerken existieren in Großbritannien vier Netze und Frankreich weist mit Brest und Paris zwei Institutionen auf.

Neben den Netzwerkinsitutionen lässt die von Schricke (2007: S.85) erstellte Karte Schlüsse auf vermutete optische Cluster in Deutschland zu. Konzentrationen sind in Jena (bzw. Thüringen), Berlin, München (bzw. Bayern), Wetzlar (bzw. Südhessen), Aachen, Hannover und Göttingen erfasst. Für die Lasertechnologie sind Konzentrationen in den Regionen Aachen, Stuttgart, München, Dresden, Jena und München erwiesen. Hervorstechend für die Lasertechnologie sind ausdrücklich die Standorte Jena und München (ebd.). Die Karte zeigt eindeutig keine Gleichverteilung der

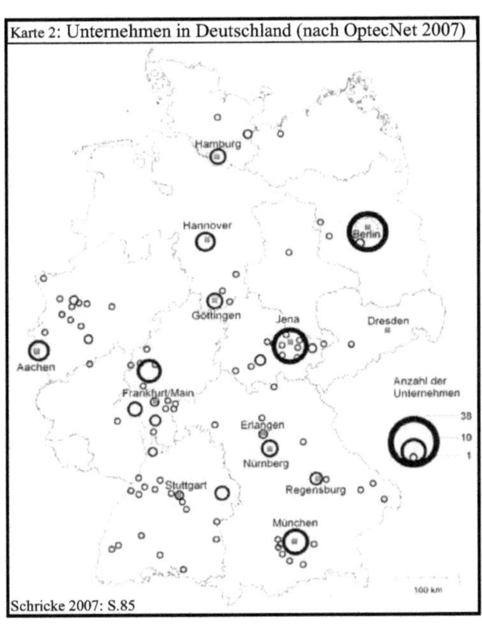

Unternehmen im Raum, sondern an wenigen Standorten räumliche Konzentrationen. Neben den Großstädten Berlin und München fällt insbesondere Jena als Zentrum der optischen Industrie ins Auge. Auch Hessen weist mit Wetzlar einen zentralen Konzentrationspunkt auf (Moßig/ Klein 2002: S.240). 3.200 Beschäftigte in 60 Betrieben mit einem Umsatz in Höhe von 357 Mio. Euro sind registriert. Jeder vierte Industriebeschäftigte ist im Raum Wetzlar in der optischen Industrie tätig (ebd. S.242). Moßig und Klein (2002) weisen in ihrer Arbeit den evolutionären Entwicklungspfad der optischen Industrie in Mittelhessen nach. Die Entwicklung ist wirtschaftshistorisch in verschiedenen Phasen von ihrer Fallstudie dokumentiert und kommentiert. Die Fallstudien sind nicht eins zu eins übertragbar, lassen dennoch parallel Schlüsse für andere Räume zu (Malmberg/ Maskell 2001: S.4f.). Ein Ziel ihrer regionalwirtschaftlichen Implikationen sind intensivere Verflechtungen zwischen Unternehmen und der Fachhochschule Gießen-Friedberg (Moßig/ Klein 2002: S.249).

3.3.2 Verteilung der Hochschulausbildung

Die Lokalisation der Hochschulen stellt nicht nur einen entscheidenden Indikator für die regionalen Arbeitskräfteressourcen dar. Sie ist auch eine bedeutende Abbildung, neben der vorangegangen Abbildung der Unternehmenskonzentrationen, für die Möglichkeit, dass sich lokale Spin-off Gründungen ergeben. Beide Indikatoren multipliziert, stärken die regionale Clusterbasis mit einem Milieubewusstsein (Schricke 2007: S.89).

Interessant ist die Verteilung der Hochschulen nicht nur als Indikatoren für die Arbeitskräfteressourcen. Die Auswertung der angebotenen Lehrveranstaltungen nach Qualität der Lehre gibt Auskunft hinsichtlich der Spezialisierungen regionaler Wissenbasen (Drieling: 2004: S.9). In fast allen Bundesländern wurden die Laser- und Messtechnik am häufigsten angegeben. In Baden-Württemberg wird neben der Beleuchtungstechnik auch die Messtechnik überproportional angegeben. Bayern hat sich auf die Lasertechnik spezialisiert. Nordrhein-Westfalen sticht durch einen hohen Anteil an Materialforschung heraus (ebd.: S.47). In Niedersachsen ist die Fertigungstechnik relativ stark vertreten (ebd.: S.33).

Die Verteilung der Lehrveranstaltungen lässt Parallelen zu der Verteilung der Unternehmen zu. Es ist eine disperse Verteilung zu konstatieren mit Schwerpunkten im Süden Deutschlands, im Rhein-Main Gebiet, dem Ruhr Gebiet, in Thüringen und im Süden Niedersachsen. Abgesehen davon stechen insbesondere die Standorte Jena mit Ilmenau, Berlin, Darmstadt und Wilhelmshaven aus der Karte hervor.

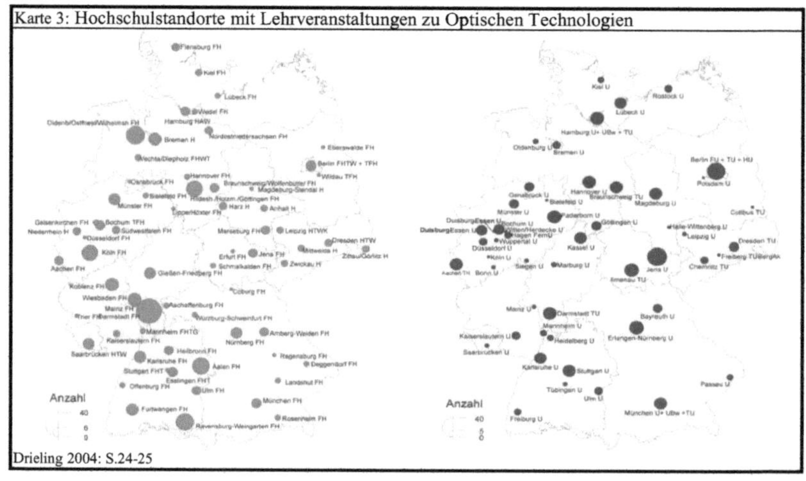

3.3.3 Räumliches Beziehungsgeflecht und Patentverteilung

Das Unterkapitel zu räumlichem Beziehungsgeflecht und der Patentverteilung verknüpft die theoretisch diskutierten interregionalen und intraregionalen Wissensflüsse und den hieraus resultierenden Lernprozessen in Form von eingereichten Patenten. Die komplexe Abbildung verdeutlicht die Zusammenhänge von Clustern einer wissensbasierten Branche in einem nationalen Innovationssystem. Für ihre Dissertation untersuchte Schricke (2007) die Räume Niedersachsen, Thüringen und Bayern. Die Darstellung der Abbildung lässt dennoch Zusammenhänge für Gesamtdeutschland erkennen. Vergleichend mit Kapitel 2.3.2 wird beschrieben, dass intraregionale mit interregionalen Wissensflüssen rückgekoppelt sind. Intraregionales Wissen wächst nur mit und durch Wissenskanäle nach außen Innerhalb der gewählten Cluster sind intraregionale Verflechtungen erkennbar. Überaschend an dem empirischen Befund ist, dass aber auch stark ausgeprägte interregionale Verflechtungen vorhanden sind. Zahlreiche Unternehmen unterhalten derartige Kooperationen, aber auch die Hochschulen sind mit Unternehmen anderer Regionen interaktionsstark. Das nationale Innovationssystem der Optischen Technologien in Deutschland besteht aus einem Verbundsystem regionaler Wissenscluster (Dicken 2007: S.100). Innerhalb der Cluster haben die Forschungseinrichtungen zentrale Sternpositionen mit zahlreichen Verflechtungsbeziehungen. Besonders ist dies in Niedersachsen und Thüringen erkennbar. Außerhalb der Untersuchungsregionen werden als besondere Partner das ILT in Aachen, die Universitäten in Stuttgart, Darmstadt und

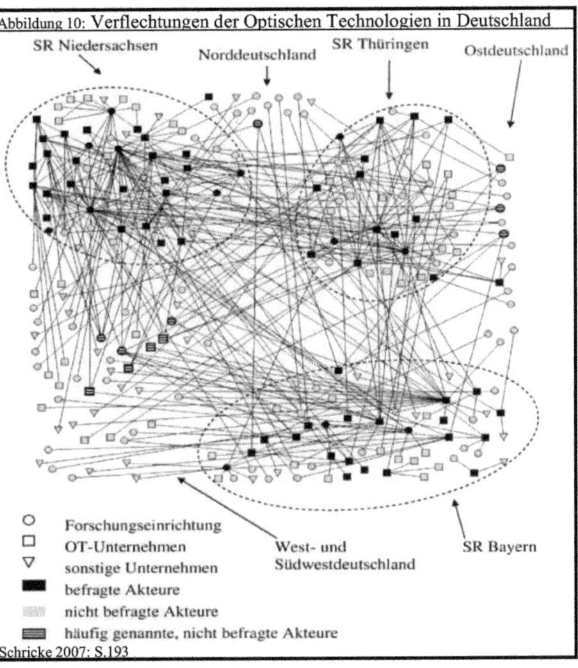

Dresden, die Frauenhofer Institute (für Zuverlässigkeit und Mikrointegration in Berlin, für Werkstoff- und Strahlentechnik in Dresden und für Physikalische Messtechnik in Freiburg)

sowie das Medizinische Laserzentrum in Lübeck genannt. Bei den benannten Unternehmen handel es sich um die Firmen Zeiss in Oberkochen, Trumpf bei Stuttgart, Leica Microsystems in Wetzlar sowie Schott in Mainz. Die Betrachtung offenbart das nationale Verflechtungssystem der Cluster (Schricke 2007: S.192).

In Kapitel 2.3.3 ist beschrieben worden, dass Wissensspillover lokalisiert ist. Über die Patentverteilungen wird die Lokalisation bewiesen (Pantazis 2006: S.22; Schricke 2007: S.25). Eine solche Abbildung der räumlichen Patentverteilung stellt die unterstehende Karte dar. Einschränkend für die empirische Bewertung ist der Analysezeitraum der Patentstatistik (1992 - 1994). Dennoch lässt die Karte den Schluss zu, dass Wissensspillover lokalisiert ist. Im Bereich der Optischen Technologie sind Patentverteilungen im Raum Berlin, Südhessen, Bayern (München, Nürnberg, Erlangen), Baden-Württemberg (Heidelberg, Karlsruhe), dem Ruhr-Gebiet, Süd-Niedersachsen und in Teilen von Thüringen zu beobachten. Die geringen Patentaktivitäten in Thüringen sind auf die zu diesem Zeitpunkt kurz nach der Wiedervereinigung mangelnde wirtschaftliche Aktivität im Bereich der Optischen Technologien zurückzuführen. Die räumliche Verteilung von Patenten bildet nur den quantitativen Aspekt des Wissensspillover ab. Interessant für eine Neubearbeitung der Patentstatistik wäre eine qualitative Patentverteilung. Die qualitative Patentverteilung zielt auf eine Darstellung der regionalen Kompetenzen ab. Haben sich in der Zusammenarbeit von Forschung, Ausbildung und den Unternehmen regionale Wissensbasen gebildet, die von regionalen Identitäten, wie sie im Ansatz des innovativen Milieus angedeutet werden, bestimmt sind? Anzunehmen wären verstärkte

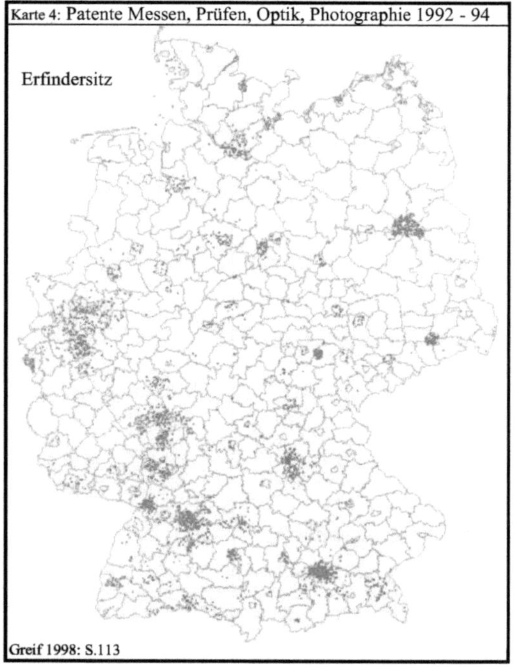

Patentaktivitäten in den im vorherigen Kapitel genannten Regionen mit ihren Spezialisierungen der Lehrveranstaltungen an Hochschulen, oder weisen die Patente in diesen Regionen kaum Zusammenhänge mit den vorhergenannten Spezialisierungen auf?

4. Fazit

Obwohl nicht neu haben wissenschaftliche Publikationen mit dem Thema Cluster in den letzten Jahren zweifellos zugenommen. Die Theorie beeindruckt mit einem dynamischen Erklärungsansatz für die Existenz wirtschaftlich erfolgreicher Unternehmensagglomerationen. Dabei sind die diffusen Theoriedefinitionen gleichzeitig die Stärke und Schwäche des Konstrukts. Eine Vielzahl von Agglomerationsformen erklärt das Modell theoretisch, der empirische Beweis jedoch ist schwer zu erbringen. Sowohl quantitative als auch qualitative Forschungsmethoden stoßen mangels fester Definitionen an ihre Grenzen.

Unbestritten ist, dass ein lokalisiertes Wertschöpfungssystem die Clustergrundlage bildet. Die Interaktionsformen sind von Kooperation und Wettbewerb geprägt. Beide komplementären Formen führen zu Innovationen unterschiedlicher Diffizilitätsstufe. Kooperation wird durch Vertrauen befördert. Vertrauen ist besonders in milieuartigen Netzwerken vorzufinden und wichtig für die Weitergabe von Wissen. Gerade diese Milieustruktur verwoben mit dem Wertschöpfungssystem ermöglicht es, technologieaffinen Unternehmen Wissen intraregional auszutauschen und in neue Produkte zu adaptieren. Interregionaler Wissensaustausch erneuert die lokale Wissensbassis und wirkt lock-in Effekten entgegen. Praktisch bilden sich national und regional spezialisierte Wissensbasen heraus.

National sind die deutschen Optischen Technologien auf Optische Komponenten und Lasertechnologie spezialisiert. Regionale Spezialisierungen differieren stärker. Räumlich hat sich ein System von Agglomerationen der Optischen Technologien herausgebildet. Die regionalen Kristallationspunkte bilden ein nationales Innovationssystem, dass starke Verflechtungen aufweist. Nicht nur Unternehmen stellen Fixpunkte dar, sondern Forschungs- und Ausbildungseinrichtungen nehmen zentrale Stellungen im Geflecht ein. Sie knüpfen regionsexterne Wissenspipelines, sind grundlagenforschungsorientiert und bilden Personal aus. Die Querschnittsorientierung und die Rolle als enabling technology zwingen die Optischen Technologien zur Forschungaffinität. Die hohe Akademikerquote drückt dies im Besonderen aus. Optische Technologien mit hohen Exportquoten sind neben Biotechnologie eine der Zukunftstechnologien für das 21. Jahrhundert.

Eine konstruktive Förderung setzt die Verknüpfung von Wissenschaft und Wirtschaft voraus. Forschungseinrichtungen sollen zielgerichtet auf die regionale Wissensbasis grundlagenorientierte Forschung in Kooperation mit Unternehmen betreiben. Globale Wissenskanäle können sie ohne Renditezwang aufbauen. Somit stärken zielgerichtet eingebundene Hochschulen die regionale Wettbewerbsfähigkeit der Optischen Technologien in Deutschland.

Literatur

BMBF (2007): Optische Technologien - Wirtschaftliche Bedeutung in Deutschland. Bonn, Berlin. http://www.bmbf.de/pub/marktstudie-op-tech.pdf [Erstellt: 2007, Abruf: 14.09.2008].

Bathelt, H. (2002): Wirtschaftsgeographie - Ökonomische Beziehungen in räumlicher Perspektive. Stuttgart.

Bathelt, H.; Malmberg, A.; Maskell, P. (2004): Clusters and Knowledge: Local Buzz, Global Pipelines and The Process of Knowledge Creation. Progress in Human Geography 28 (1), S.31-56.

Dicken, P. (2007): Global Shift - Mapping the changing contours of the world economy, 5th Edition, New York.

Diez, J. R. (2001): Zur Bedeutung von öffentlichen Forschungseinrichtungen in innovativen Netzwerken - Empirische Befunde aus den metropolitanen Innovationssystemen Barcelona, Stockholm und Wien. In: Grotz, R.; Schätzl, L. (Hrsg.): Regionale Innovationsnetzwerke im internationalen Vergleich. Münster.

Drieling, C. (2004): Bildungsangebote der Hochschulen in den Optischen Technologien. (Optische Technologien Aus- und Weiterbildung Band 2). Düsseldorf. http://www.bmbf.de/pub/Hochschulangebote.pdf [Erstellt: 2004, Abruf: 14.09.2008].

Glassmann, U.; Voelzkow, H. (2006): Regionen im Wettbewerb: Die Governance regionaler Wirtschaftscluster. In: Lütz, S.: Governance in der politischen Ökonomie - Struktur und Wandel des modernen Kapitalismus. August 2006. Wiesbaden.

Greif, S. (1998): Patentatlas Deutschland. München.

Koschatzky, K. (2001): Räumliche Aspekte im Innovationsprozess. Münster.

Kulke, E. (2006): Wirtschaftsgeographie. 2. Auflage. Paderborn.

Lenkungskreis Optische Technologien Für das 21. Jahrhundert (Hrsg.) (2002): Optische Technologien für das 21. Jahrhundert - Potenziale, Trends und Erfordernisse. 2. Auflage. Düsseldorf.

Malmberg, A.; Maskell, P. (2001): The elusive concept of localization and economies, towards a knowledge-based theory of spatial clustering. http://www.parcogeneticasalute.it/risorse/biotech/Cluster%20high%20tech%20-%20PMI%20e%20innovazione/Malmberg-Maskell%202001.pdf [Erstellt: 13.02.2001, Abruf: 15.09.2008].

Mankiw, N.G. (2004): Grundzüge der Volkswirtschaftslehre. 3. Auflage. Harvard University. April 2004.

Moßig, I.; Klein, J. (2002): Das Produktionscluster der optischen Industrie im Raum Wetzlar. Raumforschung und Raumordnung (4), S. 237-251.

OptecNet (2008): Mitglieder. http://www.optecnet.de/wirueberuns/mitglieder [Erstellt: o.A., Abruf: 07.11.2008].

Pantazis, N. (2006): Unternehmensgründungen in regionalen Clustern , untersucht am Beispiel der Optischen Technologien in Südostniedersachsen. Dissertation. Hannover: Universität Hannover, Naturwissenschaftliche Fakultät. http://edok01.tib.uni-hannover.de/edoks/e01dh06/516340247.pdf [Erstellt 23.08.2006, Abruf: 14.09.2008].

Pantazis, N.; Schricke, E. (2008): Clusterentwicklung und Unternehmensgründung am Beispiel der Optischen Technologien in Südostniedersachsen. In: Kiese, M.; Schätzl, L. (Hrsg.): Cluster und Regionalentwicklung - Theorie, Beratung und praktische Umsetzung. Hannover.

Schätzl, L. (2003): Wirtschaftsgeographie 1 - Theorie. 9. Auflage. Paderborn.

Schricke, E. (2007): Lokalisierungsmuster und Entwicklungsdynamik von Clustern der Optischen Technologien in Deutschland. Berlin.

Sternberg, R. (2000): Gründungsforschung - Relevanz des Raumes und Aufgaben der Wirtschaftsgeographie. In: Geographische Zeitschrift 88 (3-4): S. 199-219.

Sydow, J.; Lerch, F. (2007): Developing Photonics Clusters – Commonalities, Contrasts and Contradictions. AIM Working Paper. Advanced Institute of Management Research (AIM), London.
http://www.aimresearch.org/uploads/pdf/Academic%20Publications/AIM%20PHOTO NICS%20CLUSTERS%20-%20April%20007Test.pdf [Erstellt: 2007, Abruf 16.09.2008].

Thomi, W.; Sternberg, R. (2008): Editorial: Cluster - zur Dynamik von Begrifflichkeiten und Konzeptionen. In: Zeitschrift für Wirtschaftsgeographie 52 (2-3): S.73-78.